全国技工院校公共课

物理实验

与物理（第六版）配套

王金雨　主编

中国劳动社会保障出版社

图书在版编目(CIP)数据

物理实验：与物理（第六版）配套 / 王金雨主编. -- 北京：中国劳动社会保障出版社，2020

ISBN 978-7-5167-4560-1

Ⅰ.①物… Ⅱ.①王… Ⅲ.①物理学-实验-中等专业学校-教材 Ⅳ.①O4-33

中国版本图书馆 CIP 数据核字(2020)第 151385 号

中国劳动社会保障出版社出版发行

（北京市惠新东街 1 号 邮政编码：100029）

*

三河市华骏印务包装有限公司印刷装订 新华书店经销

850 毫米×1168 毫米 32 开本 1.75 印张 42 千字

2020 年 8 月第 1 版 2023 年 4 月第 6 次印刷

定价：5.00 元

营销中心电话：400-606-6496

出版社网址：http://www.class.com.cn

http://jg.class.com.cn

版权专有 侵权必究

如有印装差错，请与本社联系调换：(010) 81211666

我社将与版权执法机关配合，大力打击盗印、销售和使用盗版图书活动，敬请广大读者协助举报，经查实将给予举报者奖励。

举报电话：(010) 64954652

目　录

说　明

一、物理实验的目的和要求

物理学是一门建立在实验基础上的学科，物理概念的确立和物理定律的发现都有坚实的实验基础，已经建立的物理概念或发现的物理定律又必须经得起科学实验的反复检验。因此，物理学的发展和物理实验是分不开的。物理实验可以使学生对物理现象获得具体的认识，进一步加深对物理学概念和规律的理解，还可以提高学生分析和解决物理问题的能力。因此，加强实验是全面实施教学大纲和提高教学质量的重要环节。通过实验课，学生可以学到实验的基础知识、基本方法和基本技能，掌握常见仪器的原理和使用方法，学会一些基本物理量的测量方法。同时，物理实验对培养学生严谨求实的科学精神、理论联系实际的优良学风，以及激发学生的学习兴趣也具有不可替代的作用。

做实验前，首先要做好预习，要认真阅读实验内容，做到实验目的明确、实验原理清楚，并了解所用仪器的性能、使用方法及操作步骤。在实验过程中，应正确使用仪器，仔细观测和记录原始数据，认真对所得数据进行分析、计算和处理，得出合理的结论，并独立写出完整、规范的实验报告。

二、误差和有效数字

做物理实验，既要观察物理现象，又要找到物理现象中各种量的数量关系，因此，确定有关物理量数值的误差是十分必要的。

1. 误差

要知道物理量的数值，必须进行测量。例如，用刻度尺测量长度，用天平称量质量，用温度计测量温度，用电流表和电压表测量电流和电压等，但测量出来的数值往往与被测物理量的真实值存在一定差异，这个差异就叫误差。从产生误差的原因来看，误差可以分为系统误差和偶然误差两种。

系统误差是由于仪器本身不精确、实验方法粗略或实验原理不完善而产生的。例如，电流表的零点没校准、热学实验的热损失等都会产生系统误差。必须校准测量仪器，改进实验方法，完善实验原理，才能减小或消除系统误差。系统误差的产生有一定规律，其特点是多次重复同一实验时，误差总是偏大或偏小，不会出现既有偏大又有偏小的情况。

偶然误差是由于各种偶然因素对实验者、测量仪器、被测物理量的影响而产生的。例如，用毫米刻度尺测量物体长度时，毫米以下的数值只能用眼睛估计，各次测量的结果就不一致，有时偏大，有时偏小。偶然误差无规律可循，其特点是测量值有时偏大，有时偏小，但偏大或偏小的概率均等。

2. 有效数字

测量既然有误差，测得的数值只能是近似数值。例如，用毫米刻度尺量出书的长度是 184.2 cm，最后一位 2 是估计的（称不可靠数字），但它仍然有意义，仍然要写出来。这个例子中的测量结果就是四位有效数字的近似值。

在有效数字中，数 6.8，6.80，6.800 的含义不同，它们分别代表两位、三位、四位有效数字。6.8 表示最末一位数字 8 是不可靠的，而 6.80 和 6.800 则表示最末一位数字 0 是不可靠的。在有效数字中小数点后面的 0 是有意义的，不能随便舍去或添加。例如，6 800 m是四位有效数字，如用千米作单位仍要表示成四位有效数字，写作 6.800 km；如用毫米作单位应表示为 6.800×10^{6} mm。

在实验中，测量值要按给定有效数字读数；在处理实验数据进行运算时，运算结果一般取两位或三位有效数字。

学生实验

实验一　验证力的平行四边形定则

【实验目的】

1. 验证力的平行四边形定则。

2. 巩固合力与分力的概念，加深对力的矢量性的认识。

3. 掌握弹簧秤的使用方法。

【实验原理】

如果一个力的作用效果与几个力共同作用的效果相同，那么这个力就称为这几个力的合力；反之，也可以用几个力来代替一个力，这几个力就称为这个力的分力。求合力或分力都可以用力的平行四边形定则。

【实验器材】

弹簧秤、钩码（4个，每个100 g）、细丝线（3根，每根长30～40 cm）、夹装竖直木板的铁架台、方木板、纸、铅笔、刻度尺、角度尺、图钉等。

弹簧秤是常用的测力仪器，如图1－1所示。它是根据弹簧产生的弹性力与变形量成正比的原理制成的。

在使用时应当注意以下几点：

（1）检查弹簧秤是否损坏，若发现弹簧各圈之间的间距不均匀，则使用这样的弹簧秤得不到准确的测量结果，不能继续使用。

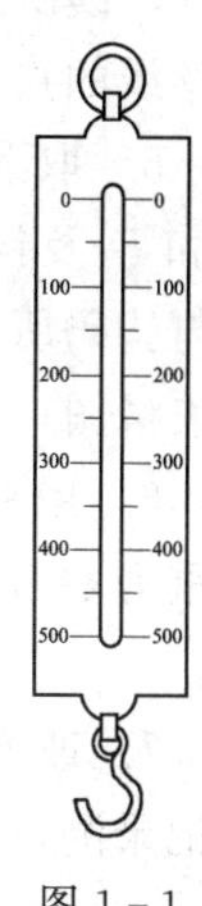

图1－1

（2）在不加外力时，弹簧秤的指针应为零，如果发现没有指零，应调至零再用。

（3）使用时不能超过弹簧秤的量程（即刻度的最大值）。

【实验步骤】

1. 在方木板上铺上一张白纸并用图钉固定，把方木板竖直地固定在铁架台上。

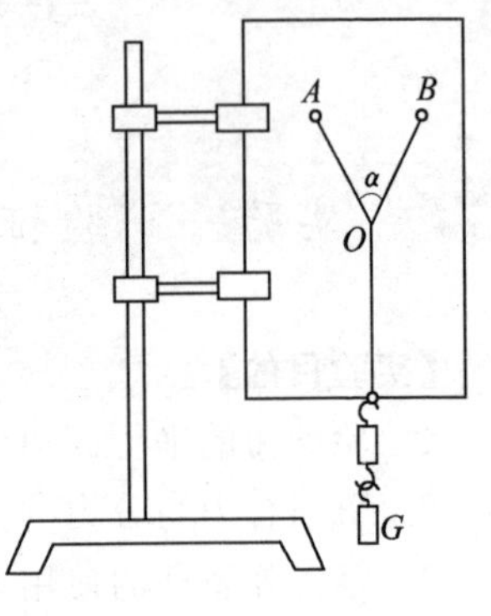

图 1－2

2. 把三根细丝线的一端接在一起，在另一端各系一个套环。在木板上任取两点 A 和 B，各固定一个图钉，将两根丝线的套环分别挂在两个图钉上，另一根丝线的套环挂上两个钩码，如图 1－2 所示。

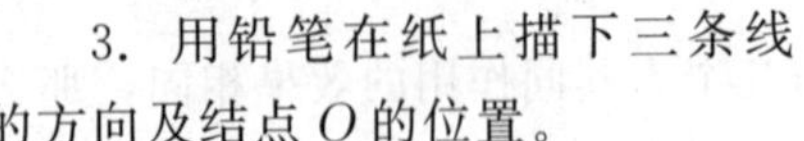

3. 用铅笔在纸上描下三条线的方向及结点 O 的位置。

4. 用弹簧秤测丝线 AO 和 BO 的拉力。把丝线 A 点的套环钩到弹簧秤上，拉住弹簧秤的上端，并调节其位置，使结点回到 O 点，读出弹簧秤的读数（即 F_1 的大小）。用同样的方法读出另一丝线的拉力 F_2 的大小。

5. 取下白纸，选择适当比例，用刻度尺在图上作出表示力 F_1 和 F_2 及钩码所受重力 G（严格地讲，作用在 O 点竖直向下的力与钩码所受重力不是同一个力，但它们大小相等，方向相同）的矢量图，并用角度尺量出力 F_1 和 F_2 间的夹角 α。

6. 用平行四边形定则求出 F_1 和 F_2 的合力 F 的大小和方向。在重力 G 反向延长线上取 G'，大小等于 G，观察 G' 与 F 是否重合。

7. 改变钩码的质量和两条丝线间的夹角再重复做两次实验，并记录测量结果。

【数据与结论】

1. 把实验用的白纸贴在下面。

2. 把实验数据填入表 1-1 中。

表 1-1

实验次数	钩码重 G/N	弹簧秤测 A 点 F_1/N	弹簧秤测 B 点 F_2/N	两分力的夹角 α/(°)	两分力的合力 F/N
1					
2					
3					

3. 结论。

力的平行四边形定则是______________________________

____。

【思考与练习】

1. 根据实验结果，用平行四边形定则画矢量图，所得到的 OG' 与 OF 重合吗？如不重合试说明原因。

2. 如图 1－3 所示，在桌面上的方木板上铺一张白纸，并用图钉固定，AO 是橡胶条，OC 和 OD 是两条细绳。试用图中的方法验证力的平行四边形定则，并写出实验原理和步骤。

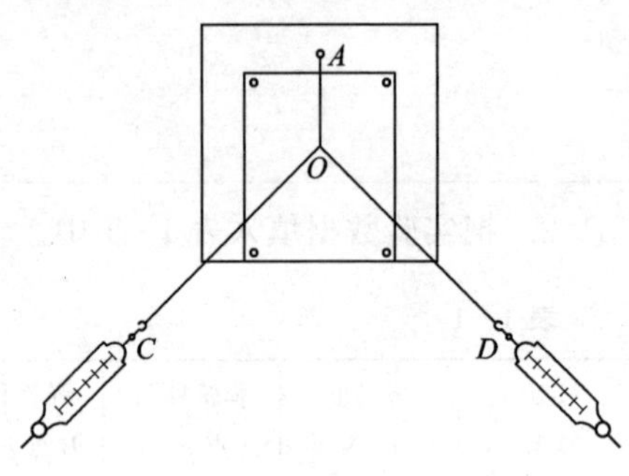

图 1－3

实验二　测定匀变速直线运动的加速度

【实验目的】

1. 学会使用电磁打点计时器。

2. 测定匀变速直线运动的加速度。

【实验原理】

1. 通过打点计时器打在纸带上的点迹验证小车做匀加速直线运动。

图 2－1 所示为小车做直线运动的轨迹，其中 s_i（$i=1$，2，…）为两相邻计数点间的位移，小车驶过任一 s_i 的时间均为 t。设 Δs_i 为两个连续相等的时间间隔里的位移差，即 $\Delta s_i = s_{i+1} - s_i$。因小车做匀变速直线运动，所以：

$$\Delta s_i = s_{i+1} - s_i = \left(v_{i+1}t + \frac{1}{2}at^2\right) - \left(v_i t + \frac{1}{2}at^2\right)$$

$$= \left[(v_i + at)t + \frac{1}{2}at^2\right] - \left(v_i t + \frac{1}{2}at^2\right) = at^2$$

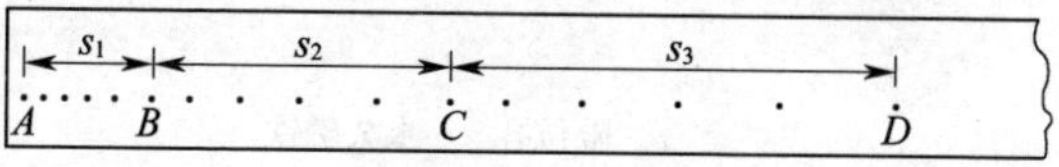

图 2-1

即

$$\Delta s_i = at^2 \text{ 或 } a = \frac{\Delta s_i}{t^2}$$

上式中 t 和 Δs_i 均可通过打点计时器得到，因此可以计算出加速度 a。

2. 用纸带求物体运动加速度。

由上式得

$$a_1 = \frac{s_2 - s_1}{t^2},\ a_2 = \frac{s_3 - s_2}{t^2},\ a_3 = \frac{s_4 - s_3}{t^2},\ \cdots$$

求出 a_1，a_2，a_3，…的平均值，就是要测定的匀变速直线运动的加速度。

【实验器材】

打点计时器（电磁打点计时器或电火花计时器均可，该实验主要练习电磁打点计时器的使用）、附有定滑轮的长木板、小车、纸带、细绳、刻度尺、砝码（若干）、导线（若干）、电源。

电磁打点计时器是使用交流电源的计时仪器，工作电压为 6 V。当电源频率是60 Hz时，它每隔0.02 s打一次点。

电磁打点计时器的构造如图 2-2 所示。使用时先将纸带穿过限位孔，把套在定位轴上的复写纸压在纸带上面，再接通电源。在线圈和永久磁铁的作用下，振片振动，位于振片一端的振针也随之上下振动。这时如纸带运动，振针就在纸带上打出一系列小点。

使用时应注意以下几点：

（1）用夹具固定打点计时器时，计时器要放正，小车夹纸带的位置应与固定计时器的长木板处于同一高度，以便使振针的高度适宜；否则，会出现漏点、双点及等时性不准等问题。

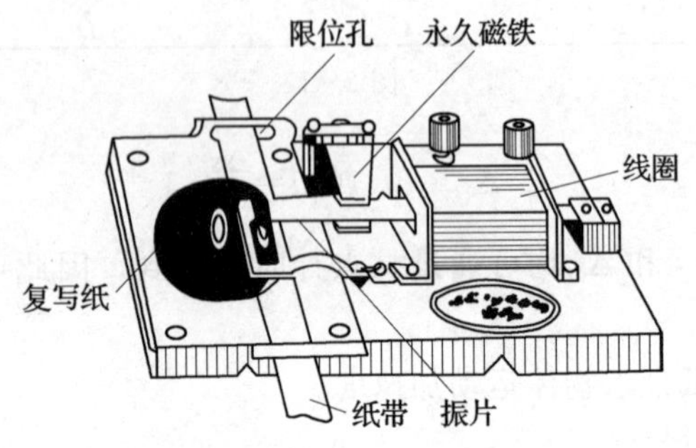

图 2－2

（2）把复写纸套在定位轴上，移至振针下方。每打完一条纸带，复写纸定位轴要稍微移动一点位置，使复写纸用过的地方离开振针针尖，避免使用时出现漏点。

（3）电磁打点计时器工作时与6 V的低压交流电源连接。

（4）电磁打点计时器是间歇工作的仪器，每打完一条纸带都应及时切断电源，以防止线圈过热而损坏。

【实验步骤】

1．把电磁打点计时器固定在长木板上没有滑轮的一端，让纸带穿过两个限位孔，压在复写纸下面。将打点计时器的两个接线柱分别与6 V的低压交流电源连接。

2．如图 2－3 所示，把附有滑轮和电磁打点计时器的长木板平放在实验桌上，并使滑轮伸出桌面。

3．用一根细绳拴住小车，并使细绳跨过滑轮，下边挂上合适的砝码，把纸带的一端固定在小车后面。

4．把小车停靠在打点计时器处，接通电源后放开小车。小车拖着纸带运动，打点计时器就在纸带上打下一系列小点。换上新纸带，重复实验三次。

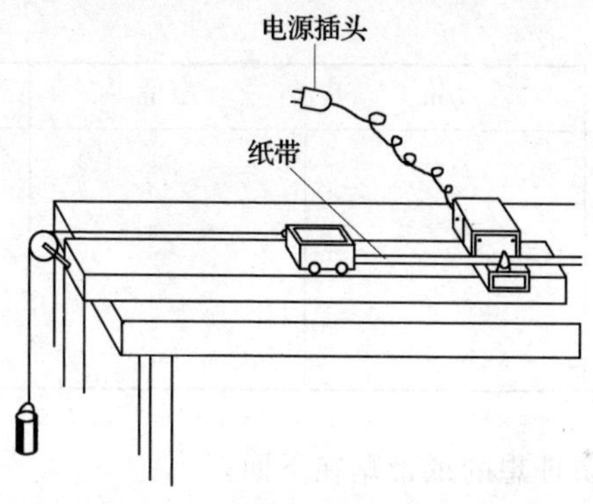

图 2 - 3

5. 从三条纸带中选择一条比较理想的，舍掉开始一些密集的点，从便于测量的某一个点开始。为了减小误差，取时间间隔为每打 5 个点的时间，即 $t=0.02\ \text{s}\times 5=0.1\ \text{s}$。在第一点下面标 A，第六点下面标 B，第十一点下面标 C……这些点叫计数点（见图 2 - 1），两个相邻计数点间的距离分别为 s_1，s_2，s_3，…，s_6。

6. 测出六段位移 s_1，s_2，…，s_6的长度，填入表 2 - 1 中。

7. 根据测量结果，利用实验原理中给出的公式，计算出 a_4，a_5，a_6（E 点后的计数点间距已较大，易于测量）的值。注意时间间隔为0.1 s。

8. 求出 a_4，a_5，a_6的平均值，此值便是小车做匀变速直线运动的加速度。

【数据与结论】

1. 把实验数据填入表 2 - 1 中。

表 2 - 1

计数点	s/m	Δs/m	a/m · s^{-2}
A			
B	$s_1=$		
C	$s_2=$		

续表

计数点	s/m	Δs/m	a/m·s^{-2}
D	$s_3=$		
E	$s_4=$	$s_4-s_3=$	$a_4=$
F	$s_5=$	$s_5-s_4=$	$a_5=$
G	$s_6=$	$s_6-s_5=$	$a_6=$

2. 把一条理想的纸带贴在下面。

3. 结论。

小车做匀变速直线运动的加速度 $a=$__________。

【思考与练习】

1. 以下是关于计数点的三种说法，正确的是（　　）。

A. 相邻计数点间的时间间隔都是相等的

B. 相邻计数点间的距离都是相等的

C. 计数点是从计时器打出的点迹中选出的，相邻计数点间的点迹个数相等

2. 在实验中，关于计数点间的时间间隔，下面四种结论中正确的是（　　）。

A. 每 5 个点取一个计数点，则计数点间的时间间隔为 0.10 s

B. 每隔 5 个点取一个计数点，则计数点间的时间间隔为 0.10 s

C. 每隔 4 个点取一个计数点，则计数点间的时间间隔为

0.08 s

D. 每隔 4 个点取一个计数点，则计数点间的时间间隔为 0.10 s

3. 图 2－4 是实验中得到的一条纸带，相邻计数点间有四个点（未画出）。如各标号点到 0 点的距离依次是 4.0 cm，10.0 cm，18.0 cm，28.9 cm，则小车是否做匀加速直线运动，为什么？小车的加速度是多少？

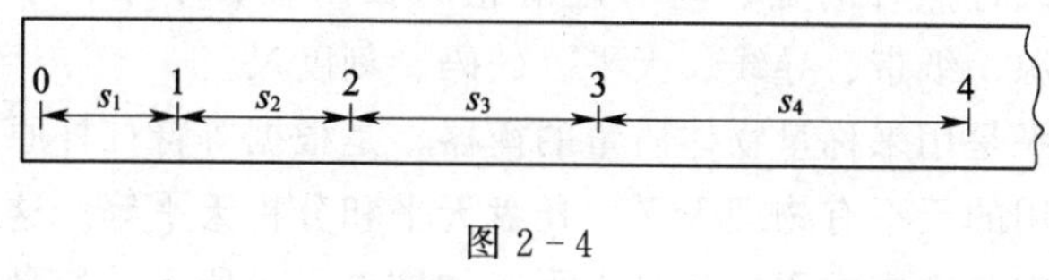

图 2－4

4. 用1.2 m的平整滑槽、刻度尺、小钢球（质量已知）测定匀变速直线运动的加速度，并写出方法和步骤。

实验三　验证牛顿第二定律

【实验目的】

1. 验证牛顿第二定律：质量一定时，加速度与力成正比；力一定时，加速度与质量成反比。

2. 学会天平的调节和使用方法。

3. 能熟练地在纸带上进行点迹分析和数据处理。

【实验原理】

1. 保持物体的质量不变，改变力，测出物体运动的加速度，验证加速度与力成正比。

2. 保持力一定，改变物体的质量，测出物体运动的加速度，验证加速度与质量成反比。

【实验器材】

电磁打点计时器、附有定滑轮的长木板、小车、小桶、细绳、电源、纸带、导线、天平、砝码、刻度尺。

天平是用来称量物体质量的衡器，是根据等臂杠杆原理制成的。常用的天平有物理天平、托盘天平和分析天平等。这里主要介绍在实验室中常用的托盘天平，如图 3 - 1a 所示。托盘天平主要由托盘、托盘支架、标尺、短臂和竖杆组成，其结构如图 3 - 1b 所示。

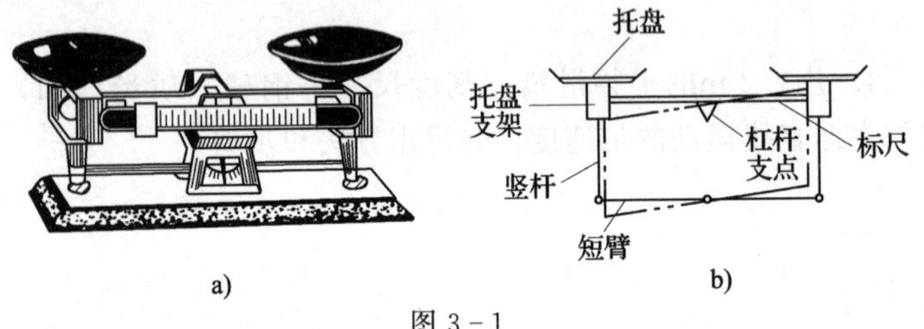

图 3 - 1

使用时，先将托盘放在托盘支架上，然后把游码放在零位，调节平衡螺母，使天平指针指在刻度盘正中。先把被测物体轻放在左托盘里，再往右托盘里轻轻加放砝码，并调节游码在标尺中的位置，直到指针指到刻度中央，这时砝码和游码的总质量就是物体的质量。

使用天平时应注意以下几点：

（1）天平不能超载称量。

（2）应用镊子轻轻往托盘里加砝码或从托盘里减砝码。

(3) 各天平之间不得互换零件。

(4) 应保持天平的干燥、清洁。

【实验步骤】

1. 用天平测出小车和小桶的质量，记为 M 和 M'，再往小车上加砝码，往小桶里加沙子，并用天平测出砝码和沙子的质量，记为 m 和 m'。

2. 把电磁打点计时器固定在长木板上没有滑轮的一端，让纸带穿过两个限位孔，压在复写纸下面，如图 3－2 所示。工作时将打点计时器的两个接线柱分别与6 V的低压交流电源连接。

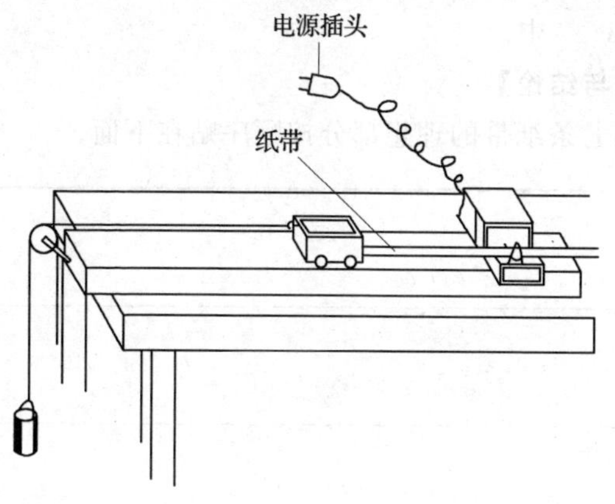

图 3－2

3. 把纸带的另一端固定在小车后面。将电磁打点计时器与电源接通，在长木板下垫木块，使其稍有倾斜，其倾斜程度以小车拖着纸带在斜面上做匀速直线运动为宜，这时小车受力平衡。接通电源后使小车运动，打点计时器在纸带上打出一系列小点。取下纸带，此纸带标号为 1。

4. 用细绳拴住小桶并绕过定滑轮与小车相连，接通电源后使小车运动，打点计时器在纸带上打出一系列小点。取下纸带，此纸带标号为 2。

5. 保持小车质量不变，改变沙子质量，再做两次实验。在实验中要使小桶与沙子质量之和比小车质量小很多。取下纸带，这两条纸带标号为 3 和 4。

6. 在每条纸带上选取理想部分，标明计数点，测量计数点间的距离，求出每条纸带所记录的加速度的值。把实验数据填入表 3-1 中。

7. 保持小桶与沙子的质量和不变，在小车上加砝码，重复上面的实验三次，每条纸带标号分别为 5，6，7。

8. 选出每条纸带上的理想部分，标明计数点，测量计数点间的距离，求出每条纸带所记录的加速度的值。把每次实验的数据填入表 3-2 中。

【数据与结论】

1. 把七条纸带的理想部分按顺序贴在下面。

(1)
(2)
(3)
(4)
(5)
(6)
(7)

2. 把实验数据填入表 3 - 1 和表 3 - 2 中。

表 3 - 1

纸带编号	小桶质量 M'/kg	沙子质量 m'/kg	力 F/N	位移 s/m	加速度 a/m·s^{-2}	加速度平均值 $\bar{a}$/m·s^{-2}
2				$s_1=$ $s_2=$ $s_3=$ $s_4=$ $s_5=$ $s_6=$	$a_4=$ $a_5=$ $a_6=$	
3				$s_1=$ $s_2=$ $s_3=$ $s_4=$ $s_5=$ $s_6=$	$a_4=$ $a_5=$ $a_6=$	
4				$s_1=$ $s_2=$ $s_3=$ $s_4=$ $s_5=$ $s_6=$	$a_4=$ $a_5=$ $a_6=$	

小车质量 $M=$ __________ kg，砝码质量 $m=$ __________ kg，$M+m=$ __________ kg，$t=$ __________ s。

表 3-2

纸带编号	小车质量 M/kg	砝码质量 m/kg	位移 s/m	加速度 a/m·s^{-2}	加速度平均值 $\bar{a}$/m·s^{-2}
5			$s_1=$ $s_2=$ $s_3=$ $s_4=$ $s_5=$ $s_6=$	$a_4=$ $a_5=$ $a_6=$	
6			$s_1=$ $s_2=$ $s_3=$ $s_4=$ $s_5=$ $s_6=$	$a_4=$ $a_5=$ $a_6=$	
7			$s_1=$ $s_2=$ $s_3=$ $s_4=$ $s_5=$ $s_6=$	$a_4=$ $a_5=$ $a_6=$	

小桶质量 $M'=$ ________ kg，沙子质量 $m'=$ ________ kg，$F=$ ________ N，$t=$ ________ s。

3. 结论。

(1) 纸带 1 上的点迹说明小车做________________运动。

(2) 纸带 2，3，4 上的点迹说明小车做____________运动。

(3) 纸带 5，6，7 上的点迹说明小车做____________运动。

由此验证了牛顿第二定律：____。

【思考与练习】

1. 在实验中，通过加垫木块调节长木板的倾角，其作用是什么？在研究质量和加速度的关系时，每次改变小车上的砝码后是否需重新调节长木板的倾角？为什么？

2. 用1.2 m的平整滑槽、刻度尺、秒表、天平、砝码和两个不同质量的钢球作为实验器材验证牛顿第二定律，并写出主要步骤。

实验四　验证机械能守恒定律

【实验目的】

1. 掌握瞬时速度的测量方法。

2. 验证机械能守恒定律：证明在只有重力做功时，动能的增加量等于势能的减少量。

【实验原理】

当物体自由下落时，只有重力做功，物体的重力势能和动能互相转化，机械能守恒。若某一时刻物体下落的瞬时速度为 v，下落高度为 h，则应有：$mgh=\frac{1}{2}mv^2$，借助打点计时器，测出重物某时刻的下落高度 h 和该时刻的瞬时速度 v，即可验证机械能是否守恒，实验装置如图 4－1 所示。

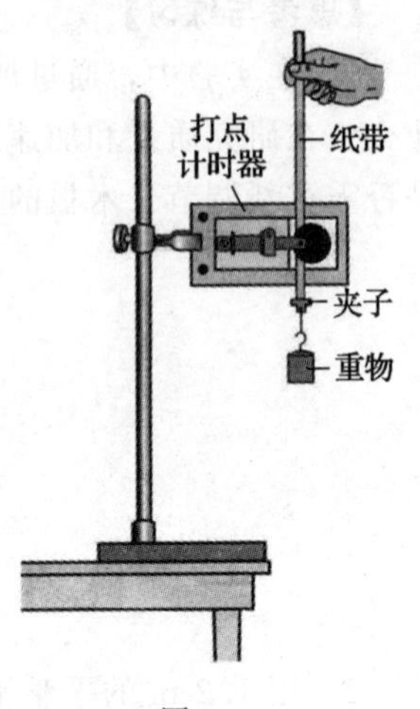

图 4－1

测定第 n 点的瞬时速度的方法是：测出第 $n-1$ 点和第 $n+1$ 点到起始点的距离 h_{n-1} 和 h_{n+1}，由公式 $v_n=\frac{h_{n+1}-h_{n-1}}{2T}$ 算出，如图 4－2 所示。式中 T 为相邻两点的时间间隔。

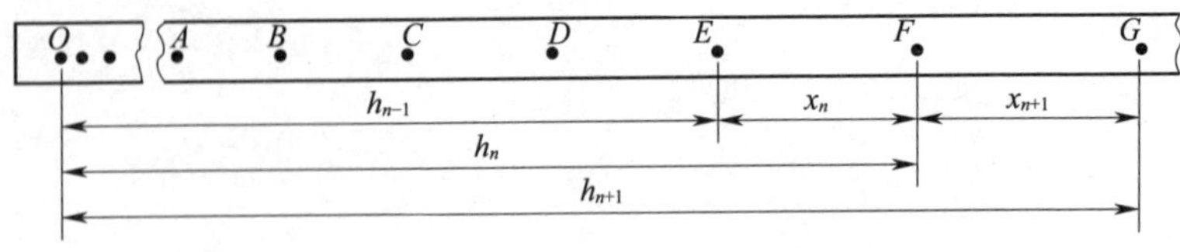

图 4－2

【实验器材】

铁架台（带铁夹）、打点计时器、学生电源、导线、带铁夹的重锤、纸带、米尺。

【实验步骤】

1. 按图 4－1 装置把打点计时器安装在铁架台上，用导线把打点计时器与学生电源连接好。

2. 把纸带的一端拴在重锤上，用夹子固定好，另一端穿过计时器的两个限位孔，用手竖直提起纸带使重锤停靠在打点计时器附近。

3. 接通电源，松开纸带，让重锤自由下落。

4. 重复几次，得到3～5 条打好点的纸带。

5. 在打好点的纸带中挑选第一、二两点间的距离接近 2 mm，且点迹清晰的一条纸带，在起始点标上 0，以后各点依次标上 1、2、3、…用刻度尺测出对应下落高度 h_1、h_2、h_3、…

6. 应用公式 $v_n=\dfrac{h_{n+1}-h_{n-1}}{2T}$ 计算各点对应的即时速度 v_1、v_2、v_3、…

7. 利用前面获得的数据，计算各点对应的势能减少量 mgh_n 和动能的增加量 $\frac{1}{2}mv_n{}^2$，进行比较。

注意：

- 打点计时器安装时，必须使两个限位孔在同一竖直线上，以减小摩擦阻力。
- 选用纸带时应尽量挑第一、二点间距接近 2 mm 的纸带。
- 因为不需要知道动能和势能的具体数值，所以不需要测量重物的质量。

【数据与结论】

1. 把连续打两点的时间间隔 T 填入下行空格中，并把起始点及其后连续 5 个点对应的下落高度填入表 4－1 中。然后，根据起始状态并通过计算，填写表 4－1 中其他单元格的数据（第 5 点仅填写重锤下落高度）。

$T=$__________ s。

表 4－1

序号	重锤下落高度 h_n（m）	速度 v（m/s）	gh（m^2/s^2）	$V^2/2$（m^2/s^2）
0				
1				
2				
3				
4				
5				

2. 结论。

实验中发现重锤减少的势能______增加的动能，这一现象反映了____________________。

【思考与练习】

在“验证机械能守恒定律”的实验中，已知打点计时器所用电源的频率为 50 Hz。查得当地的重力加速度 $g=9.80\ m/s^2$，测得所用重物的质量为 1.00 kg。实验中得到一条点迹清晰的纸带，把第一个点记作 O，另连续的 4 个点 A、B、C、D 作为测量的点，经测量知道 A、B、C、D 各点到 O 点的距离分别为 62.99 cm、70.18 cm、77.76 cm、85.73 cm。根据以上数据，可知重物由 O 点运动到 C 点，重力势能减少量等于________J，动能的增加量等于________J。(均取 3 位有效数字。)

实验五　测定分子层的厚度

【实验目的】

通过测定分子层的厚度，估算分子直径的大小。

【实验原理】

由于分子和原子非常小，显然无法直接测量出它们的大小。但是选择合适的方法就可以间接地估算某一种物质分子大小的数量级。

在水面上滴上一滴油，油马上会扩散开来，很快变成一大片。如果使这一滴油尽可能地小，而让水面尽可能地大，那么，油滴经充分扩散后（不再扩散为止），油层厚度可看作一个分子的直径大小。

通过测量油滴充分扩散后的面积，根据其体积，即可计算出油层厚度，也就估算出油分子直径的大小（数量级）。

本实验中，选择一种有机化合物——油酸进行实验。

【实验器材】

油酸、无水酒精、塑料水盘、玻璃片、量筒、滴管、每格边长 1 cm 的方格纸、玻璃瓶、松花粉或粉笔灰。

【实验步骤】

1. 取 5 mL 油酸、95 mL 无水酒精一同装入玻璃瓶，并摇动玻璃瓶，使油酸完全溶于酒精。再取此溶液 5 mL 溶于 45 mL 无水酒精。

2. 用滴管吸入已配制好的溶液少许，连续数滴滴入 10 mL 的量筒中，由此测算出每一滴溶液的体积。

3. 取一塑料水盘，使盘内所盛水的高度约 1 cm。在水面均匀地轻撒一层松花粉或粉笔灰。

4. 用滴管取一滴已配制好的溶液，滴入水面。经过一段时间，等油层不再扩散时，用一玻璃片盖在水盘上，用笔在玻璃片上描出油层的边线。

5. 将描有油层范围的玻璃片放在方格纸上，量出油层的面积（见图 5－1）。

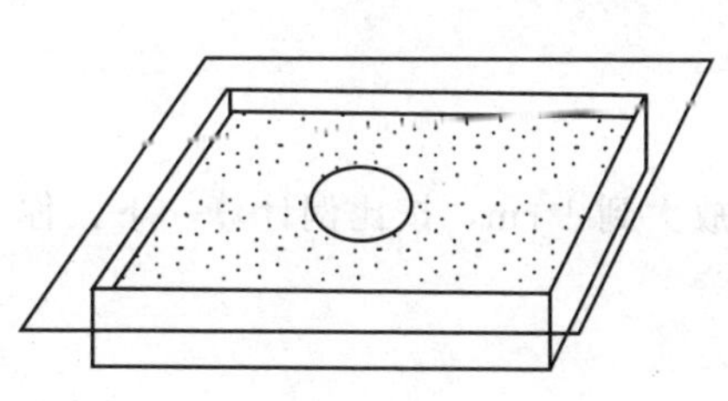

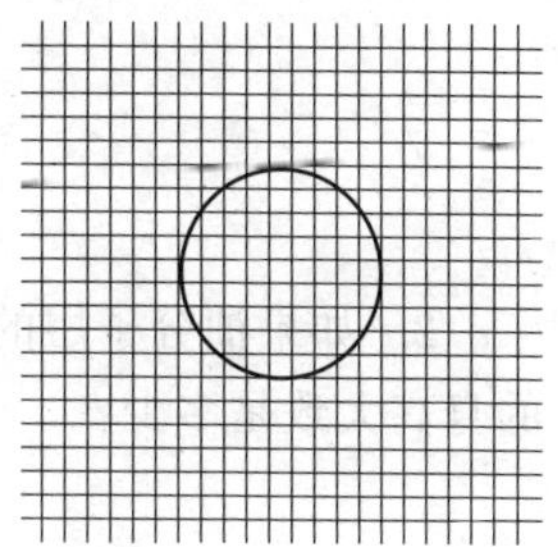

图 5－1

6. 按步骤 3 至 5 重复实验 3 次。

【数据与结论】

1. 把实验数据与计算结果填入表 5－1 中。

表 5－1

实验次数	一滴溶液体积/mL	一滴溶液中油酸的体积/mL	油酸面积/cm^2	油酸层的厚度/cm
1				
2				
3				

2. 结论。

油酸层厚度可看作油分子的直径大小，由此估算出分子直径大小的数量级是________________m。

【思考与练习】

1. 为了使得一滴溶液中的油酸不致过多，除了把油酸稀释外，还能采用哪些方法？

2. 如果油分子层的厚度放大到 1 cm，按比例计算一下，你的身高大致是多少？

实验六　研究小灯泡的伏安特性曲线

【实验目的】

1. 掌握有关绘制伏安特性曲线的实验方法。

2. 学会通过伏安特性曲线认识小灯泡的电阻与外加电压的关系。

【实验原理】

在纯电阻电路中，电阻两端的电压与通过电阻的电流是线性关系，但在实际电路中，由于各种因素的影响，$I—U$ 图像不再是一条直线。读出若干组小灯泡的电压 U 和电流 I，然后在坐标纸上以 U 为纵轴，以 I 为横轴画出 $I—U$ 曲线。

【实验器材】

小灯泡、4～6 V 电源、滑动变阻器、电压表、电流表、开关和导线若干。

【实验步骤】

1. 适当选择电流表、电压表的量程，采用电流表的外接法，按图 6－1 中所示的原理电路图连接好实验电路图。

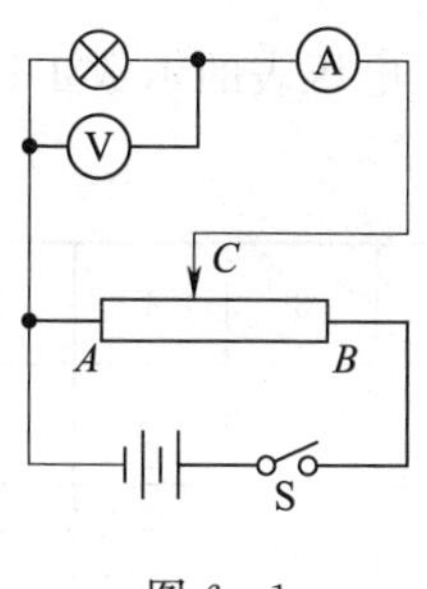

图 6－1

2. 滑动变阻器采用分压接法，把滑动变阻器的滑动片调至滑动变阻器的 A 端，电路经检查无误后，闭合电键 S。

3. 改变滑动变阻器滑动片的位置，读出几组相应的电流表、电压表的示数 I 和 U 并记录，断开电键S。

4. 在坐标纸上建立一个直角坐标系，纵轴表示电流 I，横轴表示电压 U。用描点法在其上标出各组 U、I 值的对应点位置，再将各点用平滑曲线连接，便得到伏安特性曲线。

5. 拆去实验线路，整理好实验器材。

注意：

- 因本实验要作出 $I—U$ 图线，要求测出一组包括零在内的电压、电流值，因此，变阻器要采用分压接法。
- 本实验中，因被测小灯泡电阻较小，因此实验电路必须采用电流表外接法。
- 电键闭合后，调节变阻器滑片的位置，使小灯泡的电压逐渐增大，可在电压表读数每增加一个定值（如 0.5 V）时，读取一次电流值；调节滑片时应注意使电压表的示数不要超过小灯泡的额定电压。
- 电键闭合前变阻器滑片移到图中的 A 端。
- 绘制曲线时，选取的坐标单位要适当，尽量使曲线占满坐标纸。连线一定用平滑的曲线，不能画成折线。

【数据与结论】

1. 将各组电流表、电压表的示数 I 和 U，记入表 6－1。

表 6－1

次数	1	2	3	4	5	6	7	8
电压 U/V								
电流 I/A								

2. 图 6－2 中标出各组 U、I 值的对应点位置，再绘制伏安特性曲线。

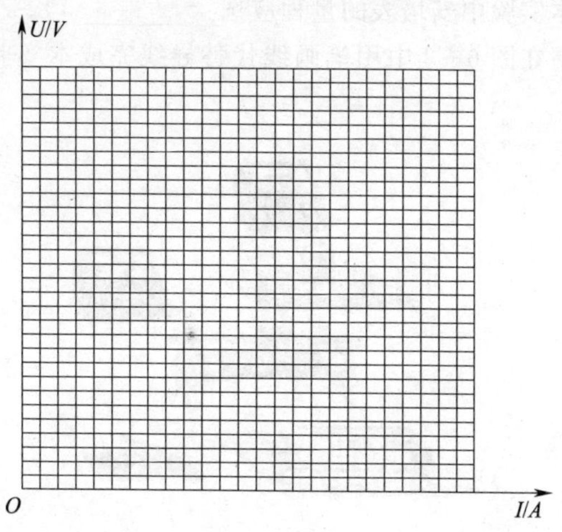

图 6-2

3. 结论。

描绘出的曲线的斜率随电压的增大而________，这表明小灯泡的电阻随电压（温度）升高而________。

【思考与练习】

1. 测量电路存在怎样的系统误差？

2. 实验结果会受哪些偶然误差的影响？

3. 有一只小灯泡标有“2 V，1.0 W”，现要通过测量描绘该灯泡的伏安特性曲线，要求电压能从零到额定值之间连续可调。

实验室中有如下器材可供选择：

A. 电压表（0～3 V，内阻 2 kΩ；0～15 V，内阻 10 kΩ）

B. 电流表（0～0.6 A，内阻 1.0 Ω；0～3 A，内阻 0.2 Ω）

C. 滑动变阻器（5 Ω，1 A）

D. 电池组（电动势 3 V，内阻很小）

E. 开关及导线若干

（1）本实验中安培表的量程应选____________。

（2）请在图 6－3 中用笔画线代替导线完成本实验的实物图连线。

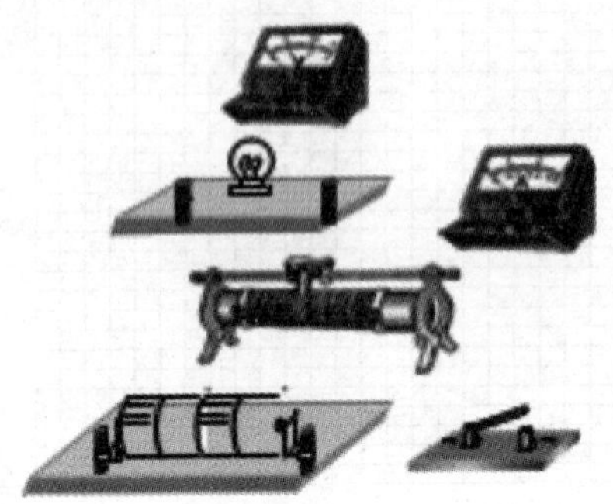

图 6－3

4. 在探究小灯泡的伏安特性实验中，所用器材有：灯泡 L、量程恰当的电流表 A 和电压表 V、直流电源 E、滑动变阻器 R、电键 S 等，要求灯泡两端电压从 0 开始变化。

（1）实验中滑动变阻器应采用________接法（填“分压”或“限流”）。

（2）某同学连接如图 6－4 所示的电路时，中途漏掉一根导线没连接，请帮他连上。在连接最后一根导线到电源正极之前，请指出图中 1 个不当之处，并说明如何改正。

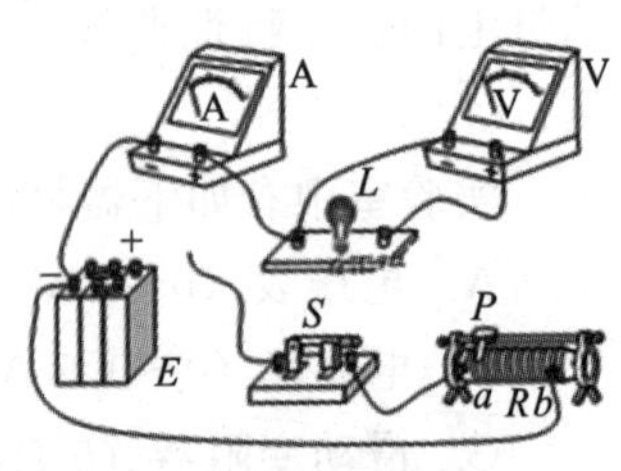

图 6－4

实验七　测量电源电动势和内电阻

【实验目的】

1. 掌握用闭合电路欧姆定律测定电源电动势和内电阻的方法。

2. 掌握电压表、电流表、电阻箱和滑动变阻器的使用方法及在电路中的连接方法，掌握仪表量程的选择和读数的基本方法。

【实验原理】

实验电路如图 7－1 所示。根据闭合电路欧姆定律，在闭合电路中电动势 E 和内电阻 r 不随外电路负载变化而改变，而当外电路电阻值发生改变时，电路中的电流和电压都会发生变化，因此任选电阻值 R_1 和 R_2，测出相应的两组 I 和 U 的数据，即可得到关于 E 和 r 的方程组：

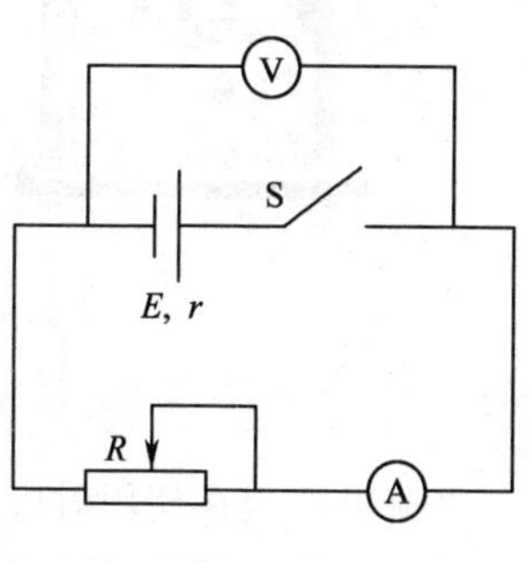

图 7－1

$$\begin{cases} E = U_1 + I_1 r \\ E = U_2 + I_2 r \end{cases}$$

解此方程组，可以求出电动势 E 和内电阻 r。该方法比较简单，但误差较大。

为了减小误差，可以多做几次实验，求出几组 E 和 r 值，最后求出它们的平均值。

【实验器材】

原电池、电流表、电压表、滑动变阻器（也可以用电阻箱或几个不同阻值的定值电阻代替）、开关、导线等。

1. 电流表

电流表是测量电路中电流的仪表。图 7－2 所示为几种电流表的外形。

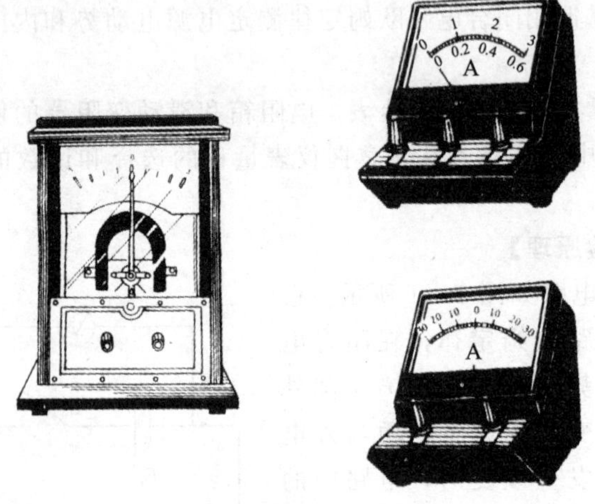

图 7－2

直流电流表在使用时应注意以下问题：

(1) 调零后把电流表串联在被测电路中，使电流从“＋”接线柱流入，从“－”接线柱流出。

(2) 电流表不能直接接在电源两极测量电源的电流，否则会因电流过大而烧坏。

(3) 估计被测电流，选择适当的量程。一般用3 A量程试触：如果指针偏转小于0.6 A，再改用0.6 A量程；如果指针偏转在0.6～3 A之间，则可用3 A量程；如果指针偏转超过满度，则应改用更大量程的电流表。

2. 电压表

电压表是测量电压的仪表，图 7－3 所示为某种电压表的外形。

直流电压表在使用时应注意以下问题：

(1) 调零后把电压表与被测部分并联，其“＋”接线柱必须接在电流流入端。

(2) 估计被测电压，选择适当的量程。一般用15 V量程试触：如果指针偏转小于3 V，则改用3 V量程；如果指针偏转在3～15 V之间，则可用15 V量程；如果指针偏转超过满度，则应改用更大量程的电压表。

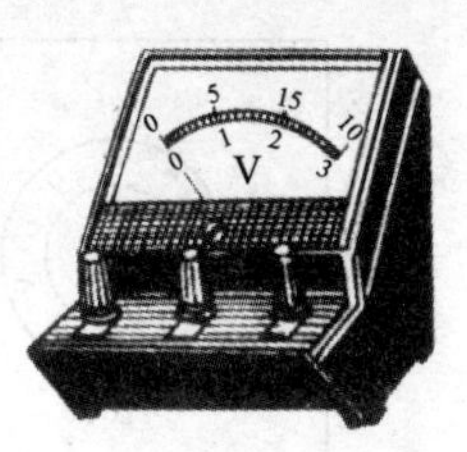

图 7 - 3

3. 滑动变阻器

滑动变阻器是在瓷管上密绕经氧化处理后表面形成绝缘层的康铜（一种铜镍合金）丝，滑动触头通过磷铜片与康铜丝接触，并可以在滑杆上滑动，如图 7 - 4 所示。

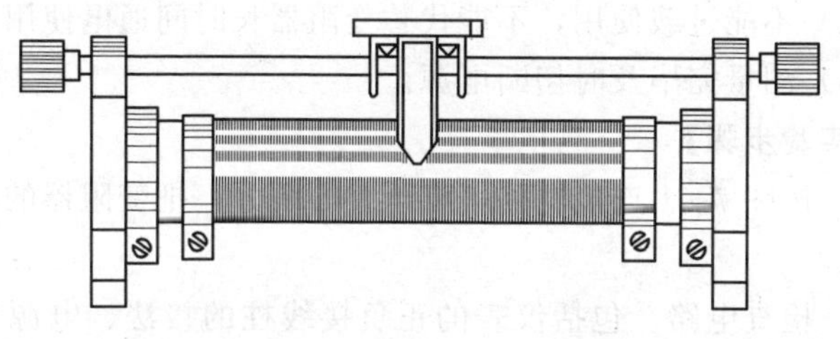

图 7 - 4

调节电路中的电流可使用滑动变阻器。连接时把电阻的一端和滑杆一端分别串接在电路中，改变滑动触头在滑杆上的位置就可改变电路中的电阻。调节时先把变阻器电阻值调到最大，再逐渐调小，以防止损坏电器。

4. 电阻箱

电阻箱是可调节的标准电阻，如图 7 - 5 所示。

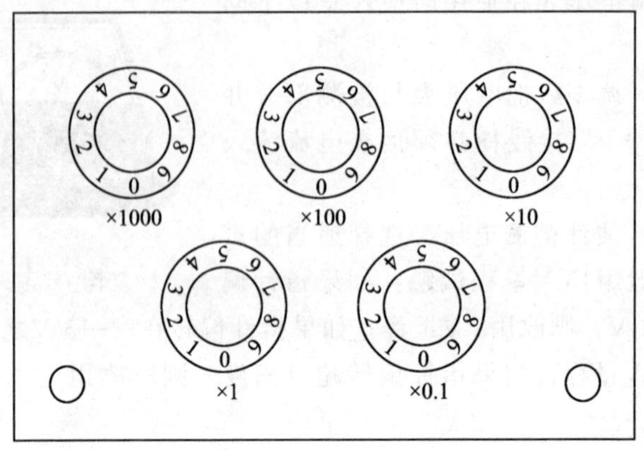

图 7－5

电阻箱使用时应注意以下问题：

（1）把两接线柱接入电路，调节旋钮就能得到0～9 999.9 Ω之间的电阻值，最小间隔为0.1 Ω，如图 7－5 所示。

（2）不能过载使用，不能代替变阻器长时间通电使用。

（3）测量完毕及时切断电源。

【实验步骤】

1. 按图 7－1 连接电路，将开关 S 断开，把变阻器的阻值调到最大。

2. 检查电路。包括仪表的正负接线柱的接法、电源正负极的接法、变阻器的接法等。

3. 闭合开关，待仪表显示稳定以后进行测量。分别取六个不同的 R 值，测得六组 I 和 U 数值。

4. 利用测量结果的数据，每两组关联求出电动势 E 和内电阻 r 的值。

5. 用三组电源电动势 E 和内电阻 r 值，求 E 和 r 的平均值。

【数据与结论】

1. 把三次实验的数据填入表 7－1 中。

表 7－1

<table>
<tr><th>实验次数</th><th>电流 I/A</th><th>电压 U/V</th><th>电动势 E/V</th><th>内电阻 r/Ω</th></tr>
<tr><td rowspan="2">1</td><td></td><td></td><td rowspan="4"></td><td rowspan="2"></td></tr>
<tr><td></td><td></td></tr>
<tr><td rowspan="2">2</td><td></td><td></td><td rowspan="2"></td></tr>
<tr><td></td><td></td></tr>
<tr><td rowspan="2">3</td><td></td><td></td><td rowspan="2"></td><td rowspan="2"></td></tr>
<tr><td></td><td></td></tr>
</table>

2. 结论。

（1）用闭合电路欧姆定律可以测出____________________。

（2）用上述方法测电源电动势和内电阻比较简单，但系统误差较大，产生系统误差的原因主要是____________________。

【思考与练习】

1. 如果只有一个电流表和两个定值电阻，怎样测定一节干电池的电动势和内电阻？画出实验电路图，写出实验原理，列出电动势和内电阻的计算公式。

2. 如果只有一个电压表和一个电阻箱，怎样测定一节干电池的电动势和内电阻？画出实验电路图，写出实验原理，列出电动势和内电阻的计算公式。

实验八　研究电磁感应现象的规律

【实验目的】

观察电磁感应现象产生的条件。

【实验原理】

当穿过一个闭合回路的磁通量变化时，回路中就有感应电流产生；感应电流的磁场总是阻碍引起感应电流的磁通量的变化。

【实验器材】

感应线圈、条形磁铁、滑动变阻器、零位在中间的电流表、蓄电池、开关、导线（若干）等。

感应线圈是用来演示电磁感应现象和验证楞次定律的器材，由一次侧线圈、二次侧线圈和铁心组成（见图 8-1 中从左至右）。

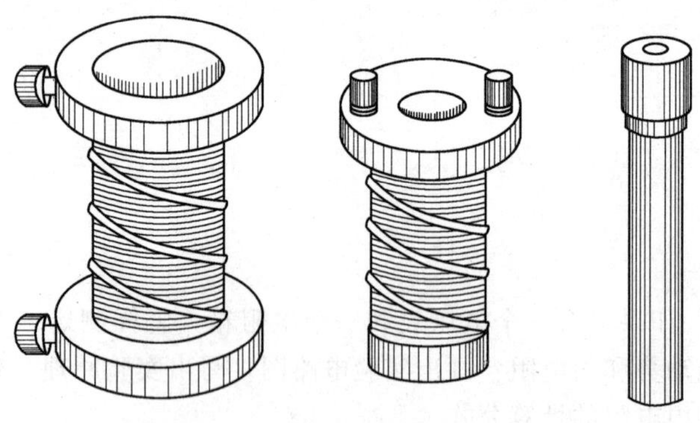

图 8-1

在使用感应线圈时应注意以下问题：

（1）一次侧线圈直流电阻很小，约0.5 Ω，使用时电源电压不要超过2 V，以免电流过大烧毁线圈或电源。

（2）实验用电流表的内电阻不要大于500 Ω，否则指针摆动不明显。

【实验步骤】

1. 按图 8－2 接好电路。把条形磁铁插入螺线管或从螺线管里拉出，电流表的指针发生偏转，表明螺线管电路中有了电流。如果保持磁铁不动或二者以同一速度运动（即保持相对静止），螺线管中就没有电流。将条形磁铁旋转 180°，重复上述实验。把实验结果填入表 8－1 中。

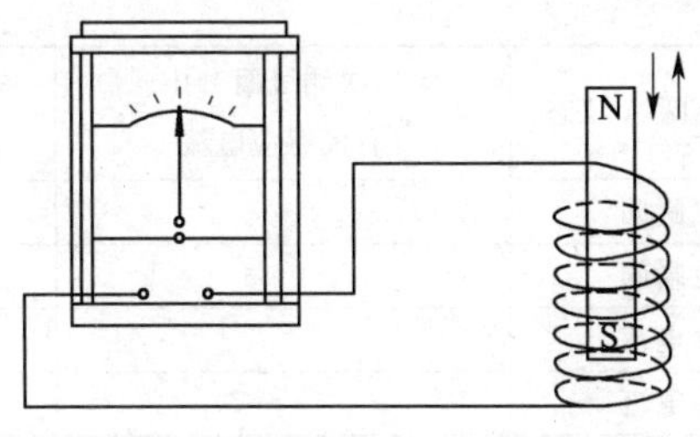

图 8－2

表 8－1

实验次数	磁铁状态	电流表指针偏转方向	线圈中感应电流产生的磁场方向
1	N 极插入瞬间		
2	停止运动（或相对静止）		
3	N 极拉出瞬间		
4	S 极插入瞬间		
5	停止运动（或相对静止）		
6	S 极拉出瞬间		

2. 按图 8－3 接好电路。合上开关给一次侧线圈 A 通电，二次侧线圈 B 中有了电流，电流表指针发生偏转。当一次侧线

圈 A 中的电流稳定时，二次侧线圈 B 中的电流消失。断开开关使一次侧线圈 A 断电时，二次侧线圈 B 中也有电流产生。把实验结果填入表 8－2 中。

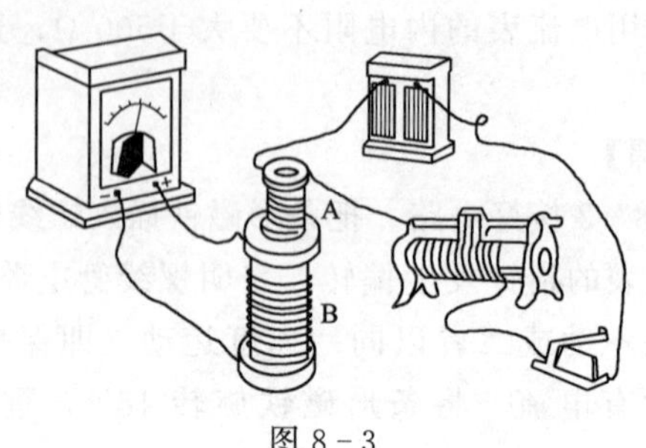

图 8－3

表 8－2

实验次数	一次侧线圈 A 状态	二次侧线圈 B 中有无感应电流	电流表指针的偏转方向
1	通电瞬间		
2	断电瞬间		
3	增强电流		
4	减弱电流		

3. 在图 8－3 所示的电路中，利用滑动变阻器可改变电路中的电阻。当滑动变阻器的触头分别向左、右两侧移动时，观察二次侧线圈中的电流情况，并把实验结果填入表 8－2 中。

【数据与结论】

1. 把实验情况记录在表 8－1、表 8－2 中。

2. 结论。

产生电磁感应现象的条件：____________________。

【思考与练习】

1. 如何判断磁铁的磁极？

2. 在实验中，二次侧线圈中产生的电能从何而来？

实验九　测定玻璃的折射率

【实验目的】

1. 验证光的折射定律并测定折射率。

2. 掌握用插针确定光路的方法。

【实验原理】

1. 折射光线与入射光线、法线处在同一平面内，折射光线与入射光线分别位于法线的两侧；入射角的正弦与折射角的正弦成正比。这就是折射定律。

$$\frac{\sin\theta_1}{\sin\theta_2}=n_{12}$$

2. 当光线从真空射入某种介质时，这种介质的性质直接决定了比例常数 n_{12} 的大小，因此可以把 n_{12} 简单地记为 n，称为这种介质的折射率。

【实验器材】

玻璃砖（两个光学表面是平行的）、图板、白纸、大头针、刻度尺、量角器。

【实验步骤】

1. 如图 9-1 所示，在白纸上画 aa' 作为界面，取 O 为入射点，画法线 NN' 和入射光线 AO。把玻璃砖放在纸上，使它的一个光学面对齐直线 aa'，画出与它平行的另一个光学面 bb' 的位置。

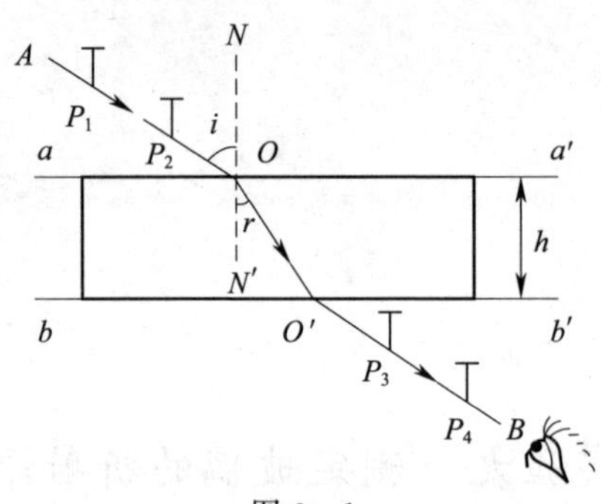

图 9-1

2. 竖直插两个大头针 P_1、P_2 标定入射光路 AO。透过玻璃砖观看并移动视线，让 P_1 的虚像被 P_2 的虚像挡住。再于 bb' 与眼之间竖直插两个大头针 P_3、P_4，使 P_3 挡住 P_1、P_2 的像，P_4 挡住前三者。这样，P_3 和 P_4 就确定了从玻璃砖射出光线的光路。

3. 确定玻璃砖内的折射光路。方法是：取走玻璃砖和大头针，过 P_3、P_4 点画直线 BO'，交 bb' 于 O' 点。连 OO' 即得玻璃砖内的折射光路。

4. 标出光由空气进入玻璃时的入射角 i 和折射角 r。用量角器测出 i 和 r 的数值，求出 $\sin i$ 和 $\sin r$，再计算比值 $\sin i/\sin r$。

5. 改变入射角，分别使入射角为 15°、30°、45°、60°、75°，重复以上步骤。

6. 看各次的比值 $\sin i/\sin r$，若接近一个常数，则折射定律得到验证。再计算上述比值的平均值，就是这种玻璃的折射率。

【数据与结论】

1. 把实验用的白纸贴在下面。

2. 把实验数据填入表 9－1 中。

表 9－1

实验次数	入射角 i	折射角 r	$\sin i$	$\sin r$	比值 $\sin i/\sin r$
1	15°				
2	30°				
3	45°				
4	60°				
5	75°				

3. 结论。

(1) 5 次实验结果表明：比值 $\sin i/\sin r$ ____________。

(2) 这种玻璃的折射率是____________。

【实验注意事项】

1. 用手拿玻璃砖时，不能触摸它光洁的光学面，只能接触毛面或棱。

2. 为了减小确定光路方向时出现的误差，大头针应尽量垂直纸面，并且 P_1 和 P_2、P_3 和 P_4 的距离要尽可能远些。

3. 画出的 aa'和 bb'两条线应尽可能准确地与玻璃砖的两个光学面重合。这样，O 和 O'才能与光线在两个光学面上的实际入射点较好地符合。

【思考与练习】

1. 玻璃砖的厚度 h 对实验有什么影响？

2. 入射角 i 的大小对实验有什么影响？

小实验　制作与体验

一、巧测木尺的质量

实验室有一把刻度均匀的木尺和一只 100 g 的砝码。

1. 请你想一想，能否用砝码测出刻度尺的质量？

2. 如何测出刻度尺的质量？

3. 用你设想的实验测出刻度尺的质量，再用天平测出它的质量，比较两种方法测量的结果相差多大。

二、巧测体重

人们都很关心自己的体重，好久不见的亲朋好友，往往见面时第一句话就是“哎哟，你胖了!”或是“哎哟，你瘦了!”可是你自己也未必能说得清究竟是胖了还是瘦了。

如果想知道自己的体重，而家中又没有体重计，那么你能开动脑筋想出办法来吗?

人人都知道曹冲称象的故事，也都知道秤砣虽小可压千斤的道理，这些或许对你的巧妙设计会有某些启发。不过，还有没有其他更好的办法呢?例如，给你如下器材：量程为 10 N 的弹簧测力计、刻度尺、单摆和强度足够大的绳子。你能否测出自己的体重?

提示：可利用力的平衡原理来解决。

三、试试你的“力气”

1．费尽九牛二虎之力

把5 kg的重物举高1 m，对你来说是不成问题的，但在下面的实验中5 kg的物体会使你觉得力不从心。

用长绳和秤砣等作为实验器材。

(1) 将绳子一端系在水泥柱（或木杆）上，绳子中央系一个秤砣，拉住绳的另一端，逐渐用力拉绳使秤砣两边绳子的张角变大，描述一下你手上的感觉。

(2) 继续拉绳，尽可能使绳的张角变大，此后即使要你将砣升高10 cm（见图 1)，你也会觉得很吃力，难道说你的力气变小了吗?请试一试并解释其原因。

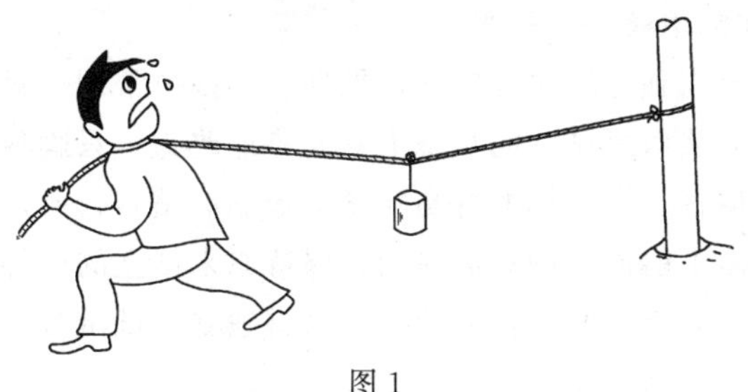

图 1

2．一指断铁丝

如图 2 所示，取两根约15 cm长的硬木条，中间用铰链连接，做成人字形支架，再取两块硬木，加工成 L 形，弯处钉上铁皮，下面装有小铁钩，另备一根细铁丝。实验时，把铁丝的两端分别拴在 L 形木块的铁钩上，使放在木块铁皮上的人字形支架张角在160°～170°之间。用一根手指在人字形木条的铰链处用力往下一按。

（1）你观察到什么现象？解释其中的原因。

（2）你能在生活或生产中应用这个知识吗？

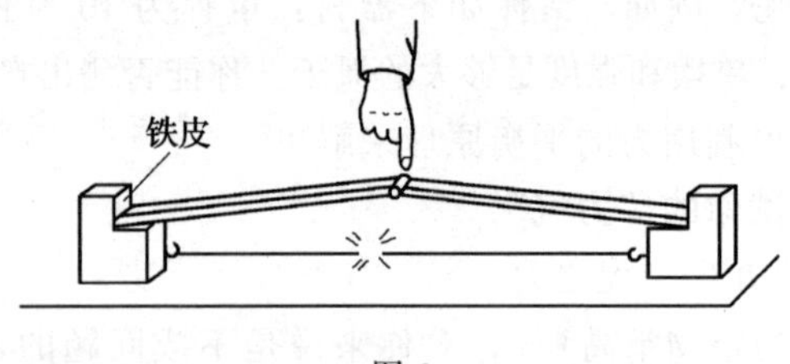

图 2

四、坐、立、走中的平衡问题

1．坐着的人如何站起来

请你做下面的实验，并回答问题：

（1）请你挺胸直背、双腿自垂地坐在椅子上，不要改变上身和小腿的姿势，能站起来吗？为什么？

（2）请你改变胸背与腿的姿势，站起来，多做几次后，想一想如何才能站起来？

2．你能单脚靠墙站吗

（1）金鸡独立在鸡群中常常见到，小孩也常用一只脚独立做游戏，你能从双脚站立的状态不变姿势地改为一只脚独立吗？

（2）请将身子一侧的臂与腿紧紧地靠墙站着，所谓靠墙指的是你的身体不能向墙的一面移动，保持原来站立的姿势不变，将离墙远的一只脚提起，让靠墙的一只脚独立，试试看，你能站住吗？为什么？

(3) 你能解释为什么孩童踉踉跄跄、经常跌倒的原因吗？为什么小孩学走路时两脚总是叉开的，汽车上的售票员或航船上的水手，他们在不扶靠物体站立时双脚也总是叉开的，走的都是八字形，你知道为什么吗？而舞台上的演员，走路时又多是一字形的，这又是为什么呢？

五、超重与失重现象

自从人造卫星和宇宙飞船发射成功以来，人们常常谈论超重和失重，从电视上也可以看到宇航员处于完全失重时的现象，通过做以下的实验可以加深对超重与失重现象的理解。

1. 电梯上和磅秤上的实验

(1) 用细漆包线（直径在0.3 mm左右）在钢笔上绕10～20圈做成一个小弹簧，在弹簧的下端挂一块小橡皮，然后用手提着弹簧的上端去乘电梯。观察电梯开始上升和停止下来以及开始下降和停止下来这四个阶段中弹簧长度的变化，把观察到的现象记录在下表中。

阶　段	弹簧长度变化情况（比静止时伸长还是缩短）
静止→上升	
上升→静止	
静止→下降	
下降→静止	

请你想一想，上述现象中哪种属于超重现象？哪种属于失重现象？

(2) 站在称体重的磅秤上，记下静止时磅秤的示数，然后下蹲和起立，观察示数有何变化。想一想，为什么会发生这样的变化？

2. 用冰激凌纸杯做失重实验

如图 3 所示，把两个金属螺母（M10～20 mm）拴在一根橡皮筋的两端，再把橡皮筋的中点用一短绳固定在冰激凌纸杯底部正中，让螺母挂在空杯的口边上。

让空杯从约 2 m 的高处自由下落，你会发现螺母被橡皮筋拉回盒中，并发出“咔哒”的撞击声。请你试一试，并考虑下列问题：

（1）为什么下落时螺母会被拉入空杯？

（2）在空杯放手后的初始阶段，螺母是否以重力加速度 g 自由下落？

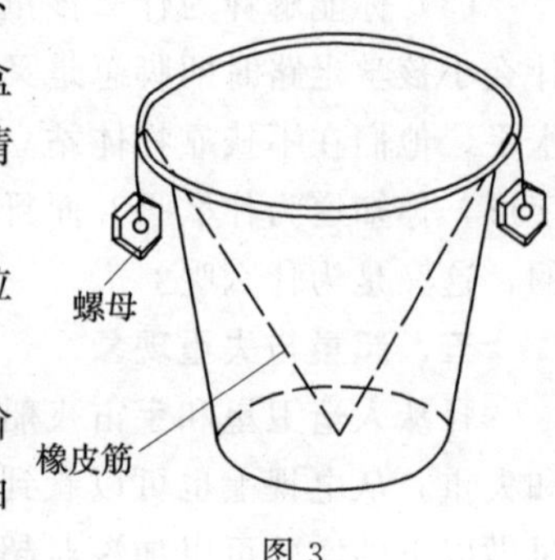

图 3

（3）放手后，空杯是否以重力加速度 g 下落？

3. 用手电筒做超重和失重实验

（1）将手电筒竖直放置，如图 4 所示，打开开关，旋松后盖使小电珠恰能点亮。实验时手持电筒，保持它在竖直方向，突然向上运动，你会看到什么现象？试分析发生上述现象的原因。

（2）如果使上述电筒的后盖稍许再旋松些，直到小电珠刚刚熄灭，然后手持电筒突然向下运动，小电珠会发光吗？试解释这种现象。

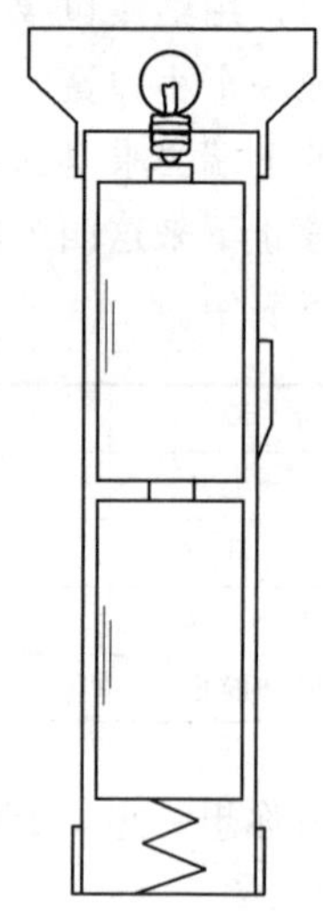
图 4

六、叠砖块

如图 5 所示，这里有五块砖，请在不进行计算的情况下，把它们垒起来，要求最上面那块砖的俯视投影不与最底下的一块砖的底面重合，叠放时每块砖只能纵向安置，而不允许纵横交错。请你试一试，并回答下列问题：

1. 怎样才能最快地把五块砖垒好？

2. 你是如何垒的？

3. 如何才能使砖不发生倒塌呢？

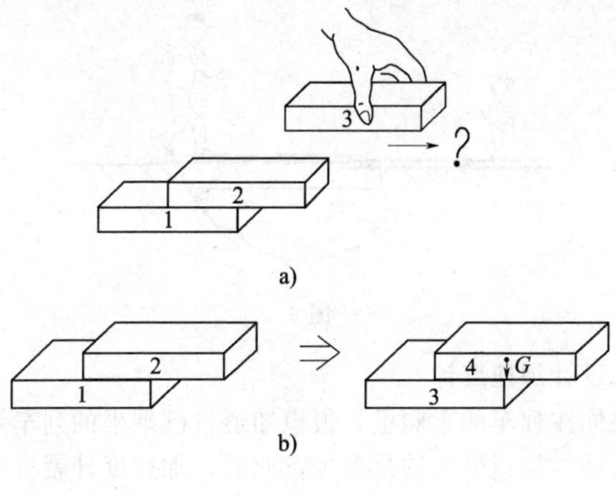

图 5

七、过河

如图 6 所示，一个大人和一个小孩子都要过河，一个要从河的左岸到右岸，另一个则相反。两岸各有一块木板，但是，每块木板都略短于河的宽度。请问：

1．假设不能用游泳的方法，他们能过河吗？

2．用两堆书、两把直尺和两个玩具娃娃做一个模拟实验，验证你的方法是否可行。

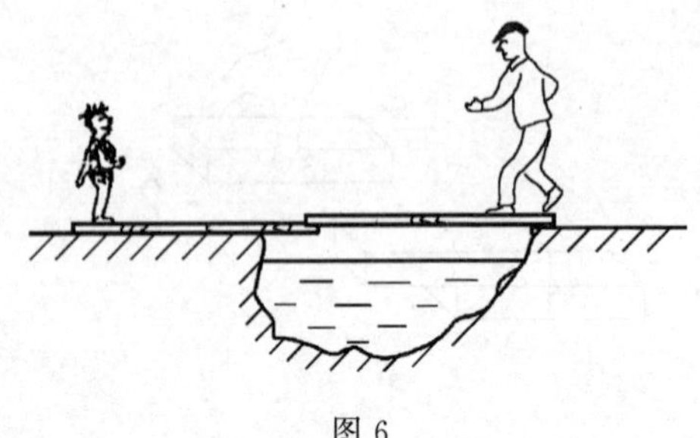

图 6

八、设计加速度计

如果你在列车的车厢里，很想知道自己乘坐的列车是否在做匀加速运动，加速度大约是多少，此时，加速度计就可以发挥作用。请你设计和制作一个加速度计。首先把所想到的方案用简图和公式表示出来，然后选其中一种进行制作，并拿到现场去实验一下，看看实验效果如何。

九、测量运动体的速度

在日常生活、文体活动以及科学实验中，经常需要测量一个运动体的运动速度。当然，匀速运动的速度比较容易测量，但对于高速运动、变速运动、瞬时运动，其速度测量就比较困难。

这里提出若干种运动实例，你能否选择其中一两种进行速度测量，设计出最佳方案来：

1. 铅球的出手速度。
2. 标枪在空中的飞行速度。
3. 乒乓球比赛时运动员大力扣杀时的击球速度。
4. 气枪子弹的出膛速度。
5. 雨点的落地速度。
6. 汽车、摩托车、自行车的瞬时速度。

十、用氖泡做静电实验

1. 观察导体上是否带电

用静电起电的方法先使导体带电，再手持氖管（从普通验电笔中卸下的氖管）与带电体接触，你看到什么现象？你能解释其中的原因吗？

2. 检验带电的种类

想一想，如何用上述方法检验丝绸摩擦塑料膜所带电荷的种类？

3. 做静电感应实验

用丝绸摩擦塑料膜使之带上尽可能多的电荷，然后手持氖管与带绝缘柄的金属盘接触，迅速地把金属盘盖到塑料膜上，如图7及图8所示。请你仔细观察氖管的哪一段启辉？启辉熄灭后，再迅速地把金属盘移开，并仔细观察氖管哪一段启辉？试用学过的电学知识解释所见到的现象。

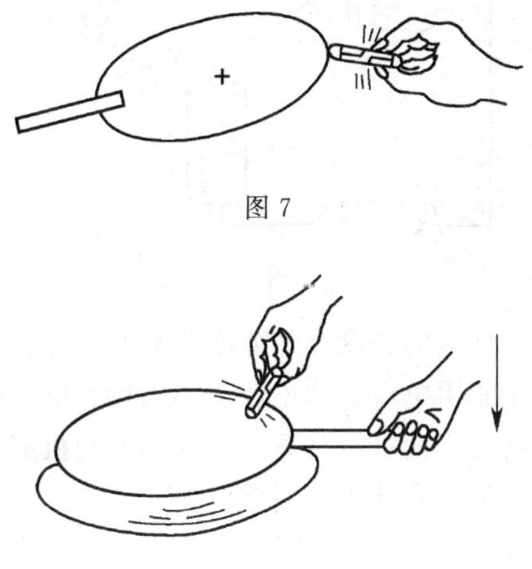

图7

图8

十一、玩具电动机的系列实验

当你制作车、船模型时，立刻会想到利用玩具电动机来做动力，但你是否想到电动机还可以做其他许多实验呢？

实验器材：玩具电动机、电池、2.5 V小灯泡、发光二极管、一对传动齿轮、开关、电流表、重物、夹子、小锥体、小金属块、细钢丝。

1. 小灯泡亮度的变化

(1) 把电池、玩具电动机、2.5 V 小灯泡和开关用导线串联起来，如图 9 所示。接通电源，仔细观察小灯泡亮度的变化。再用手捏住电动机的转轴，使转子的转速减小，看看灯泡的亮度又怎样变化。解释你看到的现象。

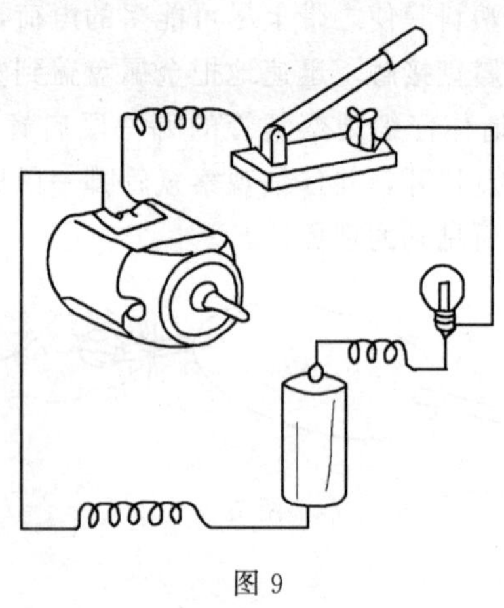

图 9

(2) 为什么灯泡的亮度会发生变化呢?

(3) 如果你能用电压表和电流表测出玩具电动机的输入电压和通过线圈的电流，就可以计算出输入到电动机的电功率，电动机的输入功率与负载有什么关系呢?

2. 用玩具电动机做发电机

既然电动机线圈转动时会产生感应电动势，那么能否用作发电机呢?

将玩具电动机按如图 10 所示固定在底座上，在转轴和摇柄轴上装一对传动齿轮（可利用旧钟的齿轮改装），以提高摇动时电动机的转速。

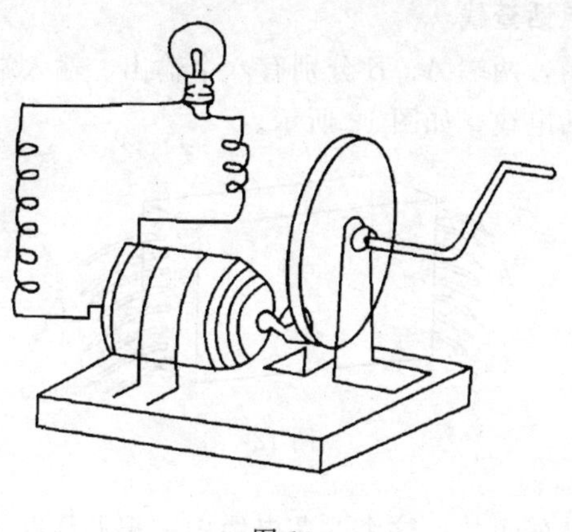

图 10

(1) 实验时，用导线将 2.5 V 小灯泡与电动机引线相连，摇动手柄小灯泡会发光吗？提高转速呢？如果用发光二极管代替小灯泡按一定的极性接入电路（正、反交替试验一下）情况又如何呢？

(2) 为什么用下落的重物代替手摇来带动转轴同样可以使灯泡发光（见图 11）？如果在电路断开和接通时，分别进行实验，你可以发现重物下落的时间在电路接通时变长，即重物下落变慢，如何解释这一现象？

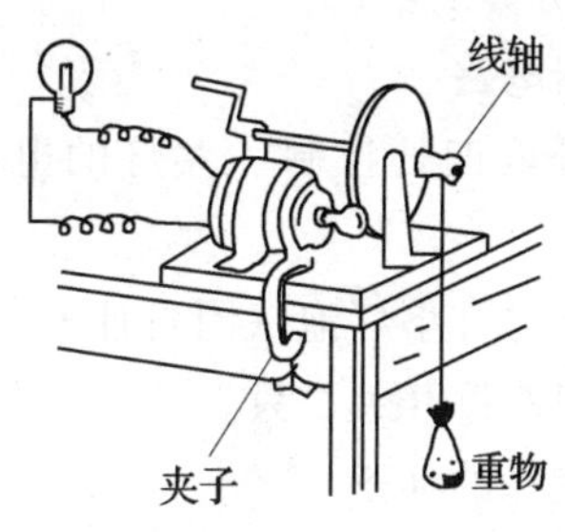

图 11

十二、电话查线

一个黑箱，两端 A、B 分别有八个输出、输入端子，它模拟一根八芯电话电缆，如图 12 所示。

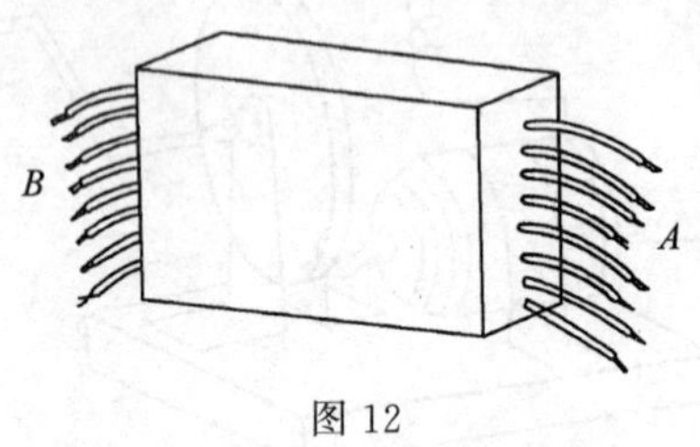

图 12

一个偶然的事故，这个八芯电缆中一根芯线断了。这些芯线全是一样的颜色、一样的粗细，而且 A、B 两地相隔数十千米，请你想一想，能否找出其中的断线？你有何妙法？要求使用的仪器最少、测量的次数最少。

十三、电源在哪里

用上述黑箱进行下列探究活动。有一闭合电路，电源与用电器相距很远。因工作需要，某技术员在该线路的中间位置，他想了解电源在哪边，又不允许切断线路，现仅有一个电压表，要求：

1. 试设计出确定电源位置的方案。

2. 解释你设计方案的依据。

十四、多点控制电路

设计一个从三处或四处控制一盏灯的电路，并进行模拟实验。

供探究使用的器材有小灯泡（附灯座）、电源（3 V）、单刀双掷开关 2 只、双刀双掷开关 2 只。

十五、能抓住气球的杯子

请同学们按照下列步骤操作：首先将一只气球吹气，加以固定，然后将被热水烫热后的空杯子紧密地倒扣在气球上，轻轻地提起杯子，气球与杯子一同被提了起来。

你明白这个小实验的原理吗？想一想，还有什么别的办法可以把气球吸起来？

十六、光与彩虹

如何通过小实验的方式让空中的彩虹重现？

请同学们按照下列步骤操作：把镜子斜插入水盆中，镜面对着阳光，在水盆对面的墙上就能看到美丽的彩虹。

想一想，你还能用什么别的方法制造出彩虹？

十七、烧不坏的手绢

请做下面的实验：将手绢放到兑了水的酒精（两份酒精、一份水）里浸湿后取出，稍微拧一下。再将手绢挂在铁丝上，并用火柴将手绢点燃，观察所发生的现象。

请同学们思考燃烧后的手绢完好无损的原因。

十八、可燃烧的糖

请做下面的实验：

1. 将方糖放在盘子上，用火柴点燃。

2. 将少许烟灰放在方糖上，再试一次。

上述两个实验的结果表明，不加烟灰的方糖是无法用火柴点燃的，而加了烟灰后的方糖却被火柴点燃了。你知道其中的奥秘吗？想一想，还有哪些办法可以点燃方糖？

十九、用水做成的放大镜

请做下面的实验：先将彩色珠子放入碗中，再用保鲜膜封住碗口，用手轻轻把碗口的保鲜膜向下按，使保鲜膜呈倒锥形。然后将水倒在保鲜膜上，透过水观察这时的彩色珠子与原先有什么不同。

这个小实验的结果说明放大镜也可以用水制成。

二十、制取晶体

如图 13 所示，取一杯子，放入约占其容积四分之一的糖，向其中缓缓倒入热水，直到杯子装满水为止。然后将一根棉线的一截放在杯子里，另一截搭在杯口外。经过几天时间，当这杯糖溶液蒸发以后，我们便在这根棉线上发现了许多糖的晶粒。这是获取晶体的方法之一。同学们，你们还能找出其他获取晶体的好方法吗？

图 13

二十一、自己会走路的杯子

准备以下材料：玻璃杯 1 只、蜡烛、火柴、玻璃板 1 块、书若干、水。

请同学们按以下步骤操作：

1. 将玻璃板放在水里浸一下。

2. 玻璃板一头放在桌子上，另一头用几本书垫起来（高度约 5 cm）。

3. 玻璃杯杯口沾些水，倒扣在玻璃板上。

4. 用点燃的蜡烛去烧杯子的底部，玻璃杯会自己缓缓地向下“走”去。

二十二、纸杯旋转灯

准备以下材料：纸杯 2 个、牙签 1 支、蜡烛 1 支、胶带 1 卷、绳子 1 根、剪刀 1 把。

请同学们按以下步骤操作：

1. 取一个纸杯，在杯身对称处各剪开一个方形大口，在杯底固定上蜡烛，作为灯的底座。

2. 另取一个纸杯，在杯身约等距离位置剪出三四个长方形的扇叶，在杯底中央处穿上绳子，并用牙签固定，作为灯的上座。

3. 将两个纸杯上下对口，用胶带贴好固定。

4. 点上蜡烛，拉起绳子，看看有什么现象产生。